YOUZHI GAODANG ROUNIU
SHENGCHAN SHIYONG JISHU

优质高档肉牛
生产实用技术

洪 龙◎主 编

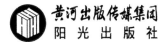
黄河出版传媒集团
阳 光 出 版 社

图书在版编目（CIP）数据

优质高档肉牛生产实用技术 / 洪龙主编.—银川：
阳光出版社，2012.12
ISBN 978-7-5525-0645-7

Ⅰ.①优…　Ⅱ.①洪…　Ⅲ.①肉牛–饲养管理
Ⅳ.①S823.9

中国版本图书馆 CIP 数据核字 (2012) 第 315702 号

优质高档肉牛生产实用技术

洪龙　主编

责任编辑　王　燕
封面设计　杨　坤
责任印制　郭迅生

黄河出版传媒集团
阳 光 出 版 社　出版发行

地　　址　银川市北京东路 139 号出版大厦（750001）
网　　址　http://www.yrpubm.com
网上书店　http://www.hh–book.com
电子信箱　yangguang@yrpubm.com
邮购电话　0951–5044614
经　　销　全国新华书店
印刷装订　宁夏锦绣彩印包装有限公司银川分公司
印刷委托书号　（宁）0010736

开　　本　880mm×1230mm 1/32
印　　张　2.5
字　　数　60 千
版　　次　2013 年 1 月第 1 版
印　　次　2013 年 1 月第 1 次印刷
书　　号　ISBN 978-7-5525-0645-7/S·72

定　　价　12.00 元

前言 FOREWORD

2007 年以来，在农业部和宁夏回族自治区农牧厅、财政厅、科技厅的大力支持下，宁夏畜牧工作站先后承担了农业部行业公益性科研专项、自治区财政"优质高档肉牛生产技术示范推广"、自治区国际科技合作计划和中日合作的"神内宁夏品牌肉牛产地形成综合援助"等项目。项目实施中，宁夏畜牧工作站联合宁夏大学、原州区等 9 县(区)畜牧技术推广服务中心和宁夏夏华肉食品有限公司等单位，实行产、学、研、推相结合，以中南部地区部分肉牛养殖示范村、引黄灌区部分规模肉牛场为重点，开展了优质高档肉牛新品种引进和繁育、母牛高效饲养、肉牛育肥等技术集成与示范推广，建立了符合宁夏实际的高档肉牛生产技术体系和高档肉牛生产全产业链模式，带动了宁夏肉牛生产技术水平和效益的提升。

为了确保项目长期发挥效益，推进宁夏优质高档肉牛生产稳步发展，我们针对项目实施中需要关注的重点技术问题，结合近年开展优质高档肉牛生产技术研究与示范推广取得的一些成果和积累的实践经验，并参阅大量文献资料，编写了本书。此书从优质高档肉牛生产的实际出发，重点介绍了良种肉牛繁育、母牛带犊规范化饲养、肉牛育肥、饲草料加工调制利用、标准化肉牛场建设五个方面的内容，图文并茂，实用性、可操作性强，可供广大畜牧技术推广工作者、肉牛养殖场（户）技术人员在生产实践中参考。

限于知识和业务水平，书中难免存在缺点和错误，敬请专家、同行和广大读者批评指正。

编　者

二〇一二年七月

目录 CONTENTS

第一章　良种肉牛繁育技术

第一节　主导品种

一、宁夏主导肉牛品种——西门塔尔牛

原产于瑞士,分肉乳兼用和乳肉兼用两个类型。毛色为黄白花或淡红白花;体躯长,肌肉丰满,四肢结实,乳房发育好;成年公牛体重1200千克以上,母牛650~800千克。生长速度较快,平均日增重可达1.35千克以上。公牛育肥后屠宰率65%、净肉率57%左右。成年母牛难产率低,适应性强,耐粗放管理。西门塔尔牛是杂交利用或改良地方品种的优秀父本。

图1-1　肉用型西门塔尔牛

弗莱维赫牛(德系西门塔尔牛)是世界著名的乳肉兼用牛品种之一,具有较高产奶和产肉性能。淘汰母牛残值较高,生产成本低,综合养殖效益明显。母牛平均产奶量 6700 千克以上。公牛平均日增重 1.4 千克以上。宁夏于 2008 年引进该牛冻精开展了杂交改良试验、示范。

图 1-2　乳肉兼用型西门塔尔牛

二、宁夏引进示范的高档肉牛品种

1. 安格斯牛

原产于英国。无角,毛色分黑色和红色两类。体躯低矮、结实、宽深,呈圆筒形,四肢短而直,全身肌肉丰满。成年公牛体重 700~900 千克,母牛体重 500~600 千克。胴体品质高,出肉多。屠宰率 60%~65%,净肉率 56%以上。肌肉大理石花纹很好。主要用作终端父本提高后代的胴体品质。宁夏已经利用红安格斯牛与秦川牛的杂交后代生产出高档雪花牛肉。安秦杂去势公牛 28 月龄屠宰率 63%、净肉率 55%以上。

图1-3　红安格斯种公牛

图1-4　黑安格斯育肥牛

2. 和牛

原产于日本。毛色以黑色为主。成年公牛体重950千克、母牛体重620千克左右，犊牛经27个月育肥，体重可达700千克以上，平均日增重1.2千克以上，屠宰率62%、净肉率54%以上。肌肉间脂肪呈雪花点状，又称"雪花肉"。牛肉多汁细嫩、肌肉脂肪中饱和脂肪酸含量很低，风味独特，肉用价值极高。宁夏已经利用和牛与秦川牛杂交的后代生产出高档雪花牛肉。和秦杂去势公牛28月龄屠宰率59%、净肉率52%以上。

图1-5　和牛种公牛

图1-6　秦川母牛和秦杂犊牛

3. 秦川牛

产于陕西省渭河流域关中平原地区,是我国著名的优良地方黄牛品种之一。属较大型役肉兼用品种。毛色多为紫红色及红色。体质结实,骨骼粗壮,体格高大,肌肉丰满。背腰平直宽长,后躯发育稍差。具有肉质细嫩、大理石纹明显等特点。公牛育肥期平均日增重0.7千克以上,平均屠宰率58.3%,净肉率50.5%。是理想的杂交配套品种。宁夏主要用作母本,与引入的安格斯等国外品种杂交生产高档牛肉。

图 1-7　秦川母牛

第二节　改良选育技术路线

一、优质肉牛改良选育技术路线

以西门塔尔等改良牛为母本,以纯种肉用或乳肉兼用型(德系)西门塔尔牛为父本,进行级进杂交选育,培育适应性强、增重快、脂肪少、产肉多的优质肉用牛新品系和抗病力强、耐粗饲、适应性好、乳肉性能突出的乳肉兼用牛新品系。

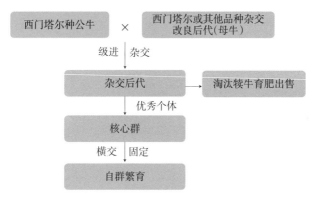

图 1-8　优质肉牛改良选育技术路线

二、高档肉牛繁育技术路线

以耐粗饲、抗逆性强、肉质细嫩、大理石花纹明显的本地秦川牛为母本，选用适应性强、早熟、产犊容易、胴体品质好、产肉量高、肌肉大理石花纹好的安格斯牛为父本，并适量导入和牛遗传基因，建立开放核心群育种体系，选育适应性强、饲料报酬高、肉用性能好、胴体品质优、遗传性能稳定的高档肉牛新品种(系)。

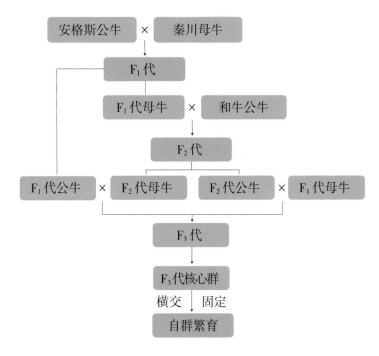

图 1-9　高档肉牛新品种(系)选育技术路线

第二章 母牛带犊规范化饲养技术

第一节 基础母牛群信息化管理技术

一、良种母牛建档立卡

1. 佩戴统一编号的耳标

依据《宁夏肉用母牛牛只编号实施办法》,对良种母牛进行统一编号、佩戴专用耳标。母牛编号分 4 个部分,由 1 位字母和 12 位数字组成,如下图所示。

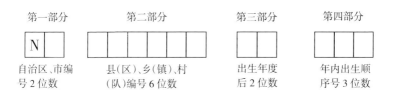

图 2-1 母牛编号组成

2. 填写谱系卡片

将母牛个体表征图、牛号、个体来源资料、血统资料、生长发育情况及繁殖记录等信息填入"宁夏良种肉用基础母牛谱系"卡片。

宁夏良种肉用母牛谱系

县(市、 乡(镇、
区)_____ 办事处)_____ 村(队)畜主姓名_____

牛只情况	牛　号_____ 品　种_____ 毛色特征_____
	出生日期_____ 初生重_____ 来　源_____
	良种登记号_____ 登记日期_____ 登记人

谱系	父：	祖父：_____	
	品　种	品种：_____	
	出生日期		
	初生重　　kg	祖母：_____	
	断奶重　　kg	品种：_____	照　片
	母：	外祖父：_____	
	品　种	品　种：_____	
	出生日期	外祖母：_____	
	初生重　　kg	品种：_____	

生长发育情况	项目 月龄	测量日期	体重(kg)	体高(cm)	胸宽(cm)	尻宽(cm)	胸围(cm)	管围(cm)	体长(cm)
	初　生								
	6月龄								
	12月龄								
	18月龄								
	24月龄								
	36月龄								
	成　年								

繁殖情况	配妊情况	胎次	1	2	3	4	5	6	7
		始配日期							
		始配月龄							
		配妊日期							
		配妊次数							
		公牛号							
		妊娠天数							
	产犊情况	日　期							
		性　别							
		毛　色							
		初生重							
		编　号							
		健康状况							
		产犊难易							

图 2-2　母牛谱系卡片

图 2-3　母牛佩戴耳标

二、母牛基本信息计算机录入

完成建档立卡后，将母牛血缘、生长发育、繁殖、防疫等基本信息在线登记录入"宁夏肉牛登记管理信息平台"。在线登记的步骤如下。

第一步，登录宁夏农业信息网（www.nxny.gov.cn）；

第二步，找到网页下方的"宁夏农业信息网子站群"，然后点击"畜牧站"，进入宁夏畜牧网站；

第三步，点击"宁夏畜牧网站"网页右上角的"肉牛平台"，进入"肉牛登记管理信息平台"页面，输入用户名和密码（由宁夏畜牧工作站授权提供），然后点击"登录"，即可进入"肉牛登记管理信息系统"，进行辖区内母牛信息登记、分析和查询。

图 2-4 肉牛登记管理信息平台登录界面

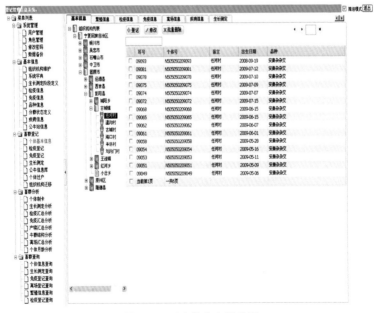

图 2-5 母牛信息在线登记

第二节 母牛一年一胎生产技术

一、技术概述

繁殖母牛经历妊娠、分娩、泌乳,生理和营养代谢发生一系列变化,受应激、营养、哺乳等因素影响,分娩后容易出现体况差、乏情、受胎率低等。母牛一年一胎生产技术综合应用了母牛分阶段饲养管理、犊牛早期断奶补饲和繁殖技术。通过科学控制母牛营养供给、合理调控母牛体况,及时监控母牛生殖系统健康状况,缓解应激、营养、带犊哺乳等因素对母牛繁殖性能的不利影响,促进母牛产后体况恢复,使母牛及早发情配种,在90~120天内受孕,实现年产一胎,降低饲养成本。通过实行隔栏补饲、早期断奶,促进犊牛生长发育,实现犊牛120天内断奶,减少犊牛哺乳对母牛繁殖性能的影响。

二、增产增效情况

应用一年一胎技术,有利于加快犊牛生长发育、降低断奶应激,促进母牛产后体况恢复和发情配种,使犊牛120日龄内断奶,6月龄内平均日增重800~1100克,母牛产后70~100天发情、配种,受胎率达85%,有利于规模养殖场在预定的时间内有计划地组织配种和产犊工作。

三、技术要点

1. 母牛妊娠后期饲养管理

(1)控制日粮饲喂量 妊娠后期指妊娠180天至产犊前的阶段,是胎儿发育的高峰期,胎儿吸收营养占日粮营养水平的70%~

80%。此阶段应适当控制日粮饲喂量,日饲喂精饲料 2 千克、秸秆、青贮饲料 10~12 千克。

（2）保持中上等体况　应用体况评分技术（BCS）或膘情评定技术监测牛群整体营养状况。

表 2-1　体况评分标准

分值	评分标准	体况
1	触摸牛的腰椎骨横突,轮廓清晰,明显凸出,呈锐角,几乎没有脂肪覆盖其周围,腰角骨、尾根和腰部肋骨凸起明显	非常瘦
2	触摸可分清腰椎骨横突,但感觉其端部不如 1 分那样锐利,尾根周围有少量脂肪沉积,腰角和肋骨眼观不明显	偏瘦
3	用力下压才能触摸到短肋骨,尾根部两侧区域有一定的脂肪覆盖	适中
4	用力下压也难以触摸到短肋骨,尾根周围脂肪柔软。腰肋骨部脂肪覆盖较多,牛整体脂肪量较多	较肥
5	牛的外形骨架结构不明显,躯体呈短粗的圆筒状,短肋骨被脂肪包围,尾根和腰角几乎完全被埋在脂肪里,腰肋骨和大腿部明显有大量脂肪沉积,因此而影响牛体运动	肥胖

注:介于两个等级之间,上下之差为 0.5 分。

简易的膘情判断方法是看肋骨凸显程度,距离牛 1.0~1.5 米处观察,看到 4 根以上肋骨说明偏瘦、看到 3 根肋骨说明膘情适中、看不到肋骨说明偏肥。

图 2-6　偏瘦

正好

偏肥

图 2-7　膘情适中　　　　　　图 2-8　偏肥

（3）做好保胎护胎和产前准备工作　降低饲养密度,减少牛抢食饲料和相互抵撞;禁喂霉变饲料、不饮脏水;冬季禁喂冰冻饲料、冰碴水,以防止流产;同时加强运动,利于分娩。临产前 2 周,转入产房,单独饲养,以饲喂优质干草为主。

图 2-9　冬季不饮冰碴水　　　图 2-10　不喂霉变饲料

2. 母牛产后护理

母牛分娩过程体能消耗很大,分娩后应及时补充水分和营养。正常分娩的母牛适当休息后,应立即让其站立行走,并饲喂或灌服 10~15 升温热的麸皮盐水(温水 10~15 升、麸皮 1 千克、食盐 50 克)或益母生花散(500 克+温水 10 升)。同时注意产后观察和护理。

刚分娩后,观察母牛是否有异常出血,如发现持续、大量出血应及时检查出血原因,并进行治疗。

分娩后 12 小时,检查胎衣排出情况,如果 12 小时内胎衣未完全排出,应按照胎衣不下进行治疗。

分娩后 7~10 天,观察母牛恶露排出情况,如果发现恶露颜色、气味异常,应按照子宫感染及时进行治疗。

3. 母牛产后饲养管理

(1)分娩后 2~3 天,日粮以易消化的优质干草和青贮饲料为主,补充少量混合精饲料,精饲料蛋白质含量要达到 12%~14%,富含必需的矿物元素和维生素;每日饲喂精饲料 1.5 千克、青贮 4.0~5.0 千克,优质干草 2 千克。

图 2-11　母牛舔食舔砖　　　　　图 2-12　优质青干草

(2)分娩 4 天后,逐步增加精饲料和青贮饲料饲喂量。同时注意观察母牛采食量,并依据采食量变化调整日粮饲喂量。

(3)分娩 2 周后,母牛身体逐渐恢复,泌乳量快速上升,此阶段要增加日粮饲喂量,并补充矿物元素和维生素。每天饲喂精饲料 3.0~3.5 千克、青贮 10~12 千克,优质干草 1~2 千克。日粮干物质采食量 9~10 千克,粗蛋白含量 10%~12%。

(4)哺乳期是母牛哺育犊牛、恢复体况、发情配种的重要时期,不但要满足犊牛生长发育所需的营养需要,而且要保证母牛中上等膘情,以利于发情配种。此期应根据母牛产乳量变化和体况恢复情况,及时调整日粮饲喂量,饲喂方案详见下表。

表 2-2 哺乳期母牛推荐饲喂方案

繁殖母牛	精饲料（千克）	苜蓿干草（千克）	玉米秸秆黄贮（千克）
产后 1 月	3.5	1.0	12.0
产后 2 月	3.0	1.0	12.0
产后 3~4 月(低泌乳期)	2.0	1.0	12.0

4. 新生犊牛护理

犊牛出生后,立即清理其口、鼻中黏液,断脐消毒,让母牛尽快舔干犊牛,并尽量在其出生后 0.5~1.0 小时内吃到初乳,初次采食量 1.0 千克。对于体质较弱的犊牛,可适当延迟采食时间,并进行人工辅助哺乳。采食初乳期间,应注意观察犊牛粪便,若新生犊牛下痢,应及时进行治疗。

图 2-13 人工辅助哺乳

5. 母牛早期配种

(1)营养良好的母牛一般在产后 40 天左右会出现首次发情,

产后 90 天内会出现 2~3 次发情。应尽量使牛适量运动,便于观察发情。如果母牛拴系饲养,应注意观察母牛的异常行为,如吼叫、兴奋、采食不规律和尾根有无黏液等。

(2)诱导发情。母牛分娩 40~50 天后,进行生殖系统检查。对子宫、卵巢正常的牛,肌肉注射复合维生素 ADE,使用促性腺激素释放激素和氯前列烯醇,进行人工诱导发情。应用人工授精技术,早晚两次输精进行配种。

四、适宜区域

所有肉用母牛养殖场、户。

第三节　犊牛隔栏补饲、早期断奶技术

一、技术概述

农村肉牛散养户犊牛出生后,一般采用跟随母牛哺乳 5~6 个月、自然断奶的传统饲养模式。犊牛出生后,随着日龄增加,生长发育加快,营养需要也增加,而肉用母牛产后 2~3 月产奶量逐渐减少,单靠母乳不能满足犊牛营养需要。同时,母牛泌乳和犊牛直接吮吸乳头哺乳所产生的刺激,对母牛的生殖机能产生抑制作用,较大地影响了母牛发情,所以带犊哺乳的母牛在产后 90~100 天甚至更长的时间都不发情。实行隔栏补饲、早期断奶,可限制犊牛哺乳时间和次数,当母牛不哺乳时,犊牛因饥饿会主动采食饲料。一方面,可以及早补充犊牛所需营养,促进犊牛消化系统发育,增强消化能力,更好地适应断奶后固体饲料的采食,降低发病率。另一方面,减少了哺乳对母牛的刺激,可促进母牛恢复体况,

尽早发情配种。

图 2-14 犊牛随母哺乳

图 2-15 犊牛隔栏饲养

二、增产增效情况

2010 年以来,固原市原州区头营镇石羊村、彭阳县古城镇任河村等 5 个肉牛养殖村及部分肉牛繁育场(户)示范应用了犊牛隔栏补饲、早期断奶技术,累计示范安秦杂等犊牛 1500 余头。采用这项技术,可以促进犊牛生长发育,提高断奶重。据调查,出生后不补料的杂交犊牛 4 月龄体重仅为 100~125 千克,而进行早期补饲、4 月龄断奶的杂交改良犊牛体重可达 125~140 千克,平均日增重 850 克左右,体重增加 15~25 千克,头均价值比同月龄自然哺乳的犊牛提高 400 元以上,除去颗粒饲料成本,头均净增收200 元以上。同时,由于犊牛在 4 月龄内断奶,断奶时间提前 1~2 个月,减少了哺乳对母牛的刺激,使母牛产后尽早恢复体况,在3~4 个月内发情配种,缩短了产犊间隔,提高了母牛繁殖率和养殖效益。

三、技术要点

1. 新生犊牛早吃初乳

犊牛在出生后 0.5~1.0 小时内要吃上初乳。方法是在犊牛能够自行站立时,让其接近母牛后躯,采食母乳。对体质较弱的可人工辅助,挤几滴母乳于洁净手指上,让犊牛吸吮手指,而后引导到乳头助其吮奶。

2. 设置犊牛栏

犊牛出生 7 日龄后,在母牛舍内一侧或牛舍外,用圆木或钢管围成一个小牛栏,围栏面积以每头 2 平方米以上为宜。与地面平行制作犊牛栏时,最下面的栏杆高度应在小牛膝盖以上、脖子下缘以下 (距地面 30~40 厘米),第二根栏杆高度与犊牛背平齐 (距地面 70 厘米左右)。在犊牛栏一侧设置精料槽、粗料槽,在另一侧设置水槽,在料槽内添入优质干草(苜蓿青干草等),训练犊牛自由采食。犊牛栏应保持清洁、干燥、采光良好、空气新鲜且无贼风,冬暖夏凉。

图 2-16　母牛舍内犊牛栏　　　图 2-17　饲喂通道内犊牛栏

3. 实行犊牛早期补饲

犊牛出生 15 日龄后,每天定时哺乳后关入犊牛栏,与母牛分开一段时间,逐渐增加精饲料、优质干草饲喂量,逐步加长母牛、犊牛分离时间。

(1)补饲精料　犊牛精料(开食料)应有良好适口性,粗纤维含量低而蛋白质含量较高。可用奶牛犊牛代乳料、颗粒料,或自己加工颗粒料,每天早、晚各喂 1 次。

表 2-3　肉用犊牛颗粒饲料推荐配方及营养水平

原料名称	玉米	麸皮	豆粕	棉粕	食盐	磷酸氢钙	石粉	预混料
配比(%)	48	20	15	12	1	2	1	1
营养水平	综合净能≥6.5 兆焦/千克,粗蛋白 18%~20%,粗纤维 5%,钙 1.0%~1.2%,磷 0.5%~0.8%							

(2)补饲干草　可饲喂苜蓿、杂草、禾本科牧草等优质干草。出生后 2 个月以内的犊牛,饲喂铡短到 2 厘米以内的干草,对出生 2 个月以后的犊牛,可直接饲喂不铡短的干草。建议饲喂混合干草,其中苜蓿草占 20%以上。2 月龄犊牛每天可采食苜蓿干草 200 克,3 月龄犊牛每天可采食苜蓿干草 500 克。

图 2-18　犊牛栏内料槽　　　图 2-19　犊牛补饲颗粒料和干草

(3)犊牛早期断奶补饲方案　犊牛饲养采用"前高后低"的方案,即前期吃足奶,后期少吃奶,多喂精、粗饲料。建议的饲养方案如下表所示。

表2-4　肉用犊牛4月龄断奶推荐饲养方案

犊牛月龄	颗粒饲料（千克）	优质干草（千克）	粉状精饲料（千克）	哺乳次数
1 月龄	0.1~0.2	–	–	每日 2 次（早、晚）
2 月龄	0.3~0.6	0.2	–	每日 1 次（早）
3 月龄	0.6~0.8	0.5	0.5	隔 1 日 1 次（早）
4 月龄	0.8~1.0	1.5	1.2	隔 2 日 1 次（早）

4. 保证充足饮水

犊牛在初乳期,可在 2 次喂奶的间隔时间内供给 36~37℃的温开水。生后 10~15 天,改饮常温水,1 月龄后自由饮水,但水温应不低于 15℃。

5. 及时断奶

可采用逐渐断奶法。具体方法是随着犊牛月龄增大,逐渐减少日哺乳次数,同时逐渐增加精料饲喂量,使犊牛在断奶前有较好的过渡,不影响其正常生长发育。当犊牛满 4 月龄,且连续三天采食精饲料 2 千克以上时,可与母牛彻底分开,实施断奶。断奶后,停止使用颗粒饲料,逐渐增加粉状精料、优质牧草及秸秆的饲喂量。

6. 注意事项

（1）应让新生犊牛吃好吃足初乳。

（2）犊牛开食料应购买相应营养水平的颗粒料或自配。

（3）应保持犊牛料槽、水槽清洁,避免犊牛被污水和粪便污染。

（4）经常观察犊牛的食欲、精神状态及粪便等。发现异常,及时进行适当的处理。

四、适宜区域

可在广大养殖场、散养户中推广应用。

第三章 肉牛育肥技术

第一节 肉牛直线育肥技术

一、技术概述

肉牛直线育肥也叫持续强度育肥，就是犊牛断奶后不吊架子，采用"高精料短周期"的育肥模式，直接转入生长育肥阶段。采用舍饲与全价日粮饲喂的方法，使犊牛一直保持较高的日增重，直到达到屠宰体重时出栏。一般，育肥到15~18月龄，体重达350~400千克出栏，日增重可达0.8千克以上。

二、增产增效情况

直线育肥技术是宁夏南部山区农户采用的主要肉牛育肥方式之一。该方式具有三个优点：一是缩短生产周期，提高出栏率。二是育肥期生长速度快，肉质细嫩，脂肪含量少，适应市场对优质牛肉的需求。三是降低饲养成本，提高牛舍利用率，提高了肉牛生产的经济效益。

三、技术要点

1. 品种的选择

选择西门塔尔、夏洛来等国外引进品种改良公犊牛。可自繁自育或外购。

2. 育肥前的准备

在犊牛转入育肥舍前,对育肥舍地面、墙壁用 2% 火碱溶液喷洒,器具用 1% 的新洁尔灭溶液或 0.1% 的高锰酸钾溶液消毒。

3. 育肥技术

一般 7~8 月龄开始育肥,育肥期 10 个月左右,分为 3 个阶段。

(1)前期　1 个月左右,自由采食、自由饮水;日粮中精粗料比例 35:65,粗蛋白水平 13%。本期主要目的是让犊牛适应育肥的环境条件,并对外购犊牛进行驱虫、去角、防疫注射等工作。

(2)中期　6~7 个月。自由采食、自由饮水;日粮中精粗料比例 45:55,日粮中粗蛋白水平 11%~12%。

(3)后期　2 个月左右。自由采食、自由饮水;日粮中精粗料比例 55:45,日粮中粗蛋白水平 10%。

4. 管理技术

(1)采取精粗分饲(先粗后精)的饲喂方式或全混合日粮(TMR)饲喂方式。定时定量进行饲喂,一般每日喂 2~3 次,饮水 2~3 次,饮水应在每次喂料后 1 小时左右进行。

(2)10~12 月龄时用虫克星或左旋咪唑驱虫 1 次。虫克星每头牛口服剂量为每千克体重 0.1 克;左旋咪唑每头牛口服剂量为每千克体重 8 毫克。12 月龄时最好用人工盐健胃 1 次。

(3)按体重分群饲养。每群 10~12 头为宜,拴系的缰绳 60~80 厘米。

(4)适时出栏。当育肥牛 15~18 月龄,体重 400~500 千克,且全身肌肉丰满,皮下脂肪附着良好时,即可出栏。

5. 典型日粮配方

表 3-1　肉牛直线育肥典型日粮配方实例

原料		体重(千克)				
		175~200	200~250	250~300	300~350	350~400
精饲料	玉米(%)	51	53	56	59	62
	麸皮(%)	16	17	15	15	15
	棉粕(%)	9	6	6	4	4
	胡麻饼(%)	14	14	13	12	9
	浓缩料(%)	10	10	10	10	10
	合计(%)	100	100	100	100	100
	日饲喂量(千克)	2.4	3	3.5	4	4.5
粗饲料	苜蓿(干)(千克)	1	1	1	1	1
	麦草(千克)	1	1	1	1.5	1.5
	全株玉米青贮(千克)	5	6	7	8	9
	玉米芯(干)(千克)	1	1.2	1.5	2	2.5
	合计(千克)	8	9.2	10.5	12.5	14

四、适用范围

适用于肉牛育肥场及肉牛自繁自育农户。

第二节　架子牛短期快速育肥技术

一、技术概述

短期快速育肥是选择体格已基本发育成熟,肌肉脂肪组织尚未充分发育、还有较大发展潜力的良种架子牛,利用架子牛"补偿生长"的生理特性,采用科学的饲养管理技术,进行6个月以内的短期育肥,以获得最好的饲料报酬和最大的牛肉产量。经营上的特点是成本低、周转快。在肉质上风味差,面向低中档消费市场。这种模式是我国肉牛育肥的主流。

二、增产增效情况

经过3~4个月短期育肥,牛已达到膘肥体壮,一般屠宰率可达58%,净肉率达50%,平均日增重可达1.2千克以上。此时育肥牛已增长到一定体重,如市场价格看好,应迅速出售,否则会增加饲养成本,降低增重速度,影响经济效益。

三、技术要点

1. 架子牛选购

通常综合考虑品种、年龄、体重、性别、体质外貌、健康状况及市场价格等因素,选购人员应有一定的选牛知识和经验,熟悉市场行情,认识牛的品种和判断年龄。能根据体型和膘情,估出活重及产肉量,给以适宜的购牛价。

(1)品种 首选西门塔尔、夏洛来等肉牛的杂交后代,其次选购荷斯坦公牛或荷斯坦牛与本地牛的杂交后代。

(2)年龄和体重 1.5~2.0岁、体重在300千克左右的架子牛最适宜育肥,3~4岁的架子牛较适合育肥,5岁以上的成年牛或残老淘汰牛育肥经济效益低。

(3)性别 没有去势的公牛最好,其次为去势的公牛(阉牛),再次是母牛。

(4)体型外貌 架子牛选择以骨架选择为重点,应选中下等膘情。要求体格大、腰身长,尻宽长而平、背腰宽广、后裆宽,各部位发育匀称,健康无病、消化功能正常。

图 3-1 肉牛体型外貌

2. 育肥时间

1.0~1.5 岁、体重 350 千克左右的青年架子公牛,一般强度育肥 4 个月左右,体重达 500 千克以上出栏。成年牛或残老淘汰牛一般快速催肥 3 个月左右,体重 600 千克以上出栏。

3. 育肥期的饲养技术

(1)分阶段饲养 架子牛一般育肥 90~120 天,可分三个阶段。

①育肥前期(开始 30 天内)

恢复适应 从外地选购的架子牛,育肥前要有 7~10 天的恢复适应期。进场后先喂 2~3 千克干草,再及时饮用新鲜的井水或温水,日饮 2~3 次,切忌暴饮。按每头牛在水中加 100 克人工盐或掺些麸皮效果较好。并观察是否有厌食、下痢等症状。第二天起,粗料可铡成 1 厘米左右,逐渐添加青贮和混合精料,喂量逐渐增加,经 5~6 天后,逐渐过渡到育肥日粮。精粗料的比例为 30:70,日粮粗蛋白水平 12%左右。

驱虫 口服丙硫咪唑驱杀体内寄生虫,剂量为每千克体重 10 毫克,结合注射伊维菌素,预防疥癣、虱等体外寄生虫病的发生,或按每 100 千克体重皮下注射虫克星注射液 2 毫升,可驱除牛体内外绝大多数寄生虫。一旦发现疥癣等皮肤病患病牛只,应及时隔离,用杀螨剂消毒牛舍及被污染的用具,可注射伊维菌素,并在患处涂抹硫酸铜溶液治疗。

健胃 驱虫后 3 天,灌服健胃散 500 克/次,每天 1 次,连服 2~3 天。或用大黄苏打片健胃,剂量每 15 千克体重喂 1 片。

防疫 在当地防疫部门的指导下,在架子牛入舍 1 周后进行口蹄疫等免疫接种。

②育肥中期(中间 60~70 天) 日粮干物质采食量要达到 8 千克,粗蛋白水平 11%左右,精粗料比例为 60:40 或 70:30。

③育肥后期(最后 20~30 天) 日粮干物质采食量达到 10 千克,粗蛋白水平 10%左右,精粗料比例为 90:10 或 80:20。一般在最后 10 天,精饲料日采食量达到每头 4~5 千克,粗饲料自由采食。

(2)定时定量饲喂 青年牛育肥日粮干物质的采食量为活重的 2.0%~2.5%,成年牛日粮干物质的采食量为体重的 2%~3%。分早晚 2 次饲喂,先粗后精或精粗混匀(全混合日粮)饲喂。注意观察牛只采食、反刍、排粪等情况,发现异常及时采取对策。

(3)保证充足饮水 在喂饱后 1.5~2.0 小时饮水,水质要求新鲜清洁,冬季可饮温水,每日 2~3 次,保证充足。小群围栏圈养自由采食时,常设水槽,随渴随喝,经常保持新鲜而不断水源。

4.育肥期的管理措施

（1）刷拭牛体　育肥牛每日应定时刷拭 1~2 次。从头到尾，先背腰、后腹部和四肢，反复刷拭。以增加血液循环，提高代谢效率。

（2）限制运动　应将牛拴系在短木桩或牛栏上，缰绳系短，长度以牛能卧下为宜，一般不超过 80 厘米。以减少牛的活动消耗，提高育肥效果。

图 3-2　架子牛拴系育肥

（3）牛舍保暖防暑，保持干燥清洁　牛舍地势高燥，座北朝南。可建成封闭式房舍或敞棚式，冬季搭上塑料薄膜，1 头牛占地面积 3~6 平方米。牛舍要勤除粪尿，经常打扫并保持干燥清洁和空气新鲜。注意饲槽、牛体、饲草料的卫生。

（4）称重　建立育肥档案，记载每批牛饲草料的消耗量，可在育肥开始前和育肥结束后各称重 1 次。称重在早晨空腹时进行，核算增重情况、育肥效果。

（5）饲料更换　在育肥牛的饲养过程中，随着牛体重的增加，各种饲料的比例也会有调整，在饲料更换时应采取逐渐更换的办法，应该有 3~5 天的过渡期。在饲料更换期间，饲养管理人员要勤观察,发现异常,应及时采取措施。

5. 出栏时间判断及出栏方法

(1)从肉牛采食量来判断。在育肥后期牛食欲下降,日采食量下降 1/3 以上或日采食量(以干物质为基础)为活重的 1.5% 或更少,且不喜欢运动,常安静卧地休息。这时可以认为已达到肥育的最佳结束期。

(2)用肥育度指数来判断。利用活牛体重和体高的比例关系来判断,指数越大,肥育度越好。计算方法:肥育度=体重(千克)÷体高(厘米)×100%,指数在 400%~450%时,可认为达到合适肥度,即可出栏。

(3)从肉牛体型外貌来判断。通过观察和触摸肉牛的膘情进行判断,若被毛细致而有光泽,全身肌肉丰满,肋骨脊柱均不显露、耳根、耆甲、胸垂部、腰部、下肷部内侧、阴囊处充满脂肪垫、坐骨端、腹肋部、腰角部沉积的脂肪厚实、均衡,则达到最佳肥度,应及时出栏。

(4)观察分析市场行情,价格稳定或上涨时及时出栏。

(5)出栏前准备。出栏前 1 天,对牛刷拭,除去皮肤上的污物和粪便,饮水充足,饲喂少量饲草料或停喂。

(6)出栏方法有两种,一种是活牛交易,通过外观评估、实际称活重,评估产肉量,价格合适有良好的经济效益即可出售。另一种是屠宰,出售牛肉及皮张、下水。

6. 肉牛短期育肥日粮配方实例

(1)体重 350~400 千克架子牛短期育肥(育肥期 120 天)

①日粮组成及饲喂量。按每天每头育肥牛精饲料 5 千克、玉

米秸秆黄贮4千克、玉米芯粉3千克均匀混合,或精饲料5千克、玉米秸秆黄贮7千克均匀混合,分早晚两次饲喂育肥牛。

②精饲料配方。夏秋季:玉米50%,浓缩料20%,油饼20%,黑面(次粉)10%;冬季:玉米55%,浓缩料20%,胡麻饼25%。

(2)体重350千克左右架子牛短期育肥(育肥期90天)

表3-2　肉牛短期育肥典型日粮配方

育肥阶段	精料配方及饲喂量				粗饲料配方及饲喂量			
	浓缩料(%)	玉米(%)	麸皮(%)	饲喂量(千克)	玉米秸秆(%)	苜蓿青贮(%)	玉米青贮(%)	饲喂量(千克)
前期	30	58	12	3.8	50	25	25	4.7
中期	28	62	10	4.2	50	25	25	5.0
后期	25	70	5	4.5	50	25	25	5.0

四、适宜区域

适用于规模肉牛场及养牛专业户的架子牛育肥生产。

第三节　高档肉牛育肥技术

一、技术概述

高档肉牛生产是指通过选用优秀的肉牛品种,采用特定的育肥技术和分割加工工艺,生产出肉质细嫩多汁、肌内脂肪沉积丰富,具有"高密度大理石花纹"、营养价值高、风味佳的优质牛肉。培育高档肉牛,必须选择适宜的品种,提供良好的饲养管理条件,按照肉牛不同生长发育阶段的营养需要进行分阶段精细化饲养,适时出栏生产高档牛肉。

 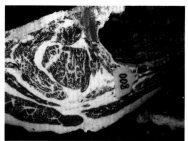

图3-3 安格斯育肥牛　　　　　　图3-4 雪花牛肉

二、增产增效情况

高档肉牛生产集中体现了畜禽良种化、养殖设施化、生产规范化、防疫制度化等标准化生产要求,优化集成了多项技术,整体技术水平较高,经济效益显著。据测算,购买一头6~7月龄的安秦杂犊牛,平均体重210千克左右,价格为4500~5000元,经过20个月左右的育肥,出栏体重700千克以上,屠宰率62%、净肉率56%以上,售价约为3.2万元,每头肉牛可获利1万元以上。在目前能繁母牛存栏持续减少,育肥牛源日趋短缺的严峻形势下,适度发展高档肉牛生产,提高出栏体重,可充分挖掘肉牛生产潜力,增加产肉量,满足日益增长的市场消费需求。

三、技术要点

1. 高档肉牛犊牛培育

(1)选择符合生产高档肉牛需要的良种母牛(秦川牛、秦杂牛),引进优良种公牛冻精(安格斯牛、和牛等)进行杂交改良,繁殖高档肉牛育肥后备牛。

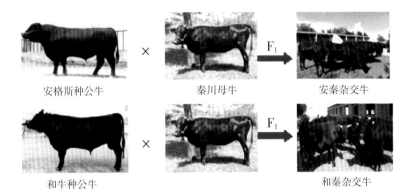

图 3-5　高档肉牛后备牛杂交生产方式

（2）早喂初乳　犊牛出生后要尽快让其吃上初乳。

（3）犊牛隔栏补饲　犊牛出生 7 日龄后，在牛舍内增设犊牛活动栏与母牛隔栏饲养，在犊牛活动栏内设饲料槽和水槽，补饲专用颗粒料、铡短的青干紫花苜蓿和清洁饮水。每天定时让犊牛吃奶并逐渐增加饲草料量，逐步减少犊牛吃奶次数。

（4）早期断奶　在犊牛 4 月龄左右、每天能吃颗粒饲料 1 千克时，可与母牛彻底分开，实施断奶。

2. 育肥后备牛准备

（1）犊牛断奶后，饲养到 6~7 月龄，并达到适宜的体重和膘情，就可作为育肥后备牛。

表 3-3　育肥后备牛生长发育标准

月　　龄	体　重(千克)			体　高(厘米)		
	最低	平均	最高	最低	平均	最高
出生	27	30	33	69	73	77
1	45	50	55	76	80	84
2	68	75	83	82	86	90
3	90	100	110	87	91	96
4	117	130	143	91	96	101
5	144	160	176	95	100	105
6	171	190	209	99	104	109
7	198	220	242	103	108	113

（2）从外地选购的犊牛，肥育前应有 7~10 天的恢复适应期。牛进场前应对牛舍及场地清扫消毒，进场后先喂点干草，再及时饮用新鲜的井水或温水，日饮 2~3 次，切忌暴饮。按每头牛在水中加 100 克人工盐或掺些麸皮效果较好。恢复适应后，可对后备牛进行驱虫、健胃、防疫。

（3）去势。公牛犊入场 10~15 天后应去势，以 4~5 月龄为宜。应选择晴朗、无风的天气，采取切开法去势，手术前后用碘酊消毒，术后补加一针抗菌素。

（4）称重、分群。按性别、品种、月龄、体重等进行合理分群，佩戴耳标，统一编号，做好个体记录。

3. 育肥期的饲养管理

育肥起始时间为 6~8 月龄，育肥期分前期、中期、后期三个阶段。

（1）育肥前期(8~15 月龄)。每头牛每天保证饲喂苜蓿干草 1.0 千克、全株玉米青贮 5.5 千克以上，长稻草自由采食。精饲料按照技术人员设计的配方配制饲喂。

（2）育肥中期(16~21 月龄)。停止饲喂青贮和苜蓿，粗饲料只喂干稻草或麦秸。精饲料按照技术人员设计的配方配制饲喂。

（3）育肥后期(22~28 月龄)。每日每头饲喂稻草或麦秸 1.5~2.0 千克。精饲料按照技术人员设计的配方配制饲喂。

4. 日常管理要点

（1）进行分群小围栏散放饲养，每栏 6~8 头牛，每头牛有活动场地 6 平方米左右。经常刷拭按摩牛体。

（2）精饲料原料采取破碎方式加工，保持适当的颗粒度。每日喂食次数保证 2 次以上，保证充足饮水。

（3）改变饲料时，应提前 2~3 周开始逐步过渡。

（4）育肥前中期应保持适当的日增重，范围是 0.8~1.2 千克。

（5）定期更换垫料、保持牛床干燥、松软，经常通风换气，减少牛圈里的氨气量。

图 3-6　自动按摩牛体装置　　　图 3-7　分群小围栏饲养

5. 育肥牛出栏

在肉牛育肥 20 个月左右时，达到适宜的体重和膘情后即可出栏屠宰。

四、适用范围

适用于经济、技术和养殖设施条件具备的规模肉牛场进行高档肉牛育肥生产。

第四章 饲草料加工调制利用技术

第一节 全株玉米青贮调制饲喂技术

一、技术概述

全株玉米青贮是指采用专用（兼用）青贮玉米品种，在乳熟后期至蜡熟期收割，将茎、叶、果穗一起切碎，在密闭厌氧条件下，通过乳酸菌发酵产生乳酸，当乳酸在青贮饲料中累积到一定浓度时（pH 值低于 4.2），青贮饲料中所有的微生物活性都被抑制，从而达到长期保存青绿饲料营养价值的目的。

二、增产增效情况

全株玉米青贮与玉米秸秆青贮相比，生物产量可达 5~8 吨，由于刈割时间早，玉米秸秆仍保持青绿多汁、质地柔软、营养丰富、容易消化，消化率提高 10% 左右。尤其是秸秆和籽粒同时青贮，能量浓度增加，营养价值提高，具有酸香味，适口性好，饲喂方便。

三、技术要点

1. 青贮场地和容器

（1）青贮场地 应选在地势高燥，排水容易，地下水位低，取用方便的地方。

（2）青贮容器　目前国内最常用的是地上式青贮窖（池）。可在平地上用砖石等砌成，表面水泥抹光，或用混凝土直接浇筑，墙厚 40 厘米以上，地面厚 10 厘米以上。青贮窖形状以长方形为宜，深度 2~4 米，宽度小型窖 3 米左右，中型窖 3~8 米，大型窖 8~15米，长度一般不小于宽度的两倍。每头成年牛每年需要青贮饲料按 6~8 立方米设计。

图 4-1　地上式青贮池　　　　图 4-2　全株玉米青贮取料面

2. 制作方法

优质全株玉米青贮加工调制应做到"干、短、实、快"。

（1）刈割时间　全株玉米在玉米籽实乳熟后期至蜡熟期，植株下部有 4~5 个叶片变成棕色时刈割最佳。此时，干物质含量30%~35%，可消化养分总量较高，青贮效果最好。

图 4-3　切碎的全株玉米　　　　图 4-4　蜡熟期玉米

（2）切割长度 切割长度应当控制在 1~2 厘米，避免青贮饲料里滞留过多的空气，以保证青贮的品质。其中，全株玉米青贮干物质含量在 22%~26% 时切割长度以 2.1 厘米为宜，干物质含量在 26%~32% 时切割长度以 1.7 厘米为宜，干物质含量大于 32% 时切割长度以 1.1 厘米为宜。

（3）制作过程中必须压实、封严 每装填 30~50 厘米原料用重型机械进行压实。在青贮原料装满后，还需继续装至原料高出窖沿 50 厘米左右，然后用塑料薄膜封盖，再用废旧轮胎压实。这样会使青贮原料中空气减少，提高青贮质量。

图 4-5 机械压实　　　　图 4-6 废旧轮胎压盖

（4）制作速度要快 集中在 7 天内制作完成，尽快填满压实封窖，缩短有氧发酵时间。青贮饲料封窖后，一般经过 40~50 天完成发酵，之后可开窖取用。

3. 青贮饲料品质感观评定

(1)颜色、气味和结构评定

表 4-1　全株青贮玉米感官评定标准

品质等级	颜色	气味	结构
优等	青绿或黄绿色,有光泽,近于原色	芳香酒酸味,给人以舒适感	湿润、紧密,茎叶保持原状,容易分离
中等	黄褐色或暗褐色	有刺鼻酸味,香味淡	茎、叶部分保持原状,柔软,水分稍多
劣等	黑色、褐色或暗黑绿色	有特殊刺鼻腐臭味或霉味	腐烂、黏滑或干燥或黏结成块

2. 含水量判断　全株玉米青贮适宜的含水量为 65%~70%。评定时应为用手紧握不出水,放开手后青贮能够松散开来,不会形成块,结构松软,且握过青贮后手上很潮湿但不会有水珠。

图 4-7　不同品质的玉米青贮

4. 注意事项

(1)严防渗漏　封窖 1 周后要经常检查,发现裂缝及时封好,严防雨水渗入和鼠害。

(2)不宜单喂　在饲喂全株玉米青贮时最好搭配部分干草,以减轻酸性对胃肠道的刺激。成年牛每天饲喂 5~10 千克,犊牛 6

月龄后开始每天饲喂 2~3 千克,妊娠后期的母牛应少喂或不喂。

(3)逐层取用 取用全株青贮玉米时,要尽量减少青贮料与空气的接触,逐层取用,不可掏洞取料或全面打开取料,取后立即封严。

第二节 玉米秸秆黄贮调制饲喂技术

一、技术概述

玉米秸秆黄贮是玉米籽实收获后,将玉米秸秆切碎,添加适量水和生物菌剂,通过微生物厌氧发酵和化学作用,在密闭无氧条件下制成的一种适口性好、消化率高、营养丰富、可保证常年均衡供应的肉牛饲料。

二、增产增效情况

玉米秸秆黄贮原料来源广泛、价格低廉,制作时不受秸秆含水率限制。通过厌氧发酵,玉米秸秆利用率由原来不足 50% 提高到 95% 左右。由于玉米秸秆经黄贮营养价值、适口性、消化率有了较大的提高,用其饲喂肉牛采食量可增加 30% 左右,采食速度可提高 40% 左右,消化率提高 60%。在同等饲养条件及管理模式下,与用秸秆直接饲喂肉牛相比,日增重可提高 300 克。同时,推广使用玉米秸秆黄贮技术,可有效避免秸秆贮存的火险隐患,减小了贮存空间,降低了焚烧造成的环境污染。

三、加工调制

1. 青贮池准备

青贮池应建在离牛舍较近,地势高燥,土质坚实,地下水位低,背风向阳,便于运送原料的地方。根据饲养肉牛头数设计青贮池的大小,一般每立方米青贮池可容 650~700 千克原料。

2. 原料加工及调制

在玉米成熟掰棒后,立刻收割秸秆,以保证较多的绿叶。把新鲜的玉米秸秆铡至 1~2 厘米,然后将切碎的原料填人池中,边入料,边压实。在填料的过程中根据秸秆的水份含量,每填入 30 厘米时,加适当的清洁水,使秸秆含水量达到 65%~70%。装填的原料应高出池沿 50 厘米左右,表面覆盖一层塑料薄膜,并立即用土严密封埋。

图 4-8　掰棒后的玉米秸秆　　　图 4-9　玉米秸秆黄贮制作

3. 开窖评测及利用

黄贮饲料经过 40~50 天封存后可开池饲喂。开池后首先要判定黄贮料的品质,若呈绿色或黄绿色,有酸香味,质地软,略带湿润,压得非常紧密,拿到手里却松散,均为品质优良,即可饲用。如已变质腐败会有臭味,质地粘软,切勿饲喂,以防中毒。取用黄贮饲料时,一定要从青贮池的一端开始,按照一定厚度,自上而下分层取,切忌由一处挖洞掏取。每次取料数量以饲喂一天的量为宜。黄贮饲料取出后,须立即盖严,防止黄贮饲料长期与空气接触造成变质。一般成年牛每天饲喂 5~10 千克。

图 4-10　玉米秸秆黄贮

图 4-11　取料后立即盖严

四、适用范围

玉米产区所有肉牛养殖场、户。

图 4-12　饲喂"黄贮+精料"型日粮的基础母牛

第三节　苜蓿干草调制饲喂技术

一、技术概述

苜蓿干草是将收割的苜蓿鲜草,经自然或人工干燥调制的能长期保存的草料。其特点是营养性好、容易消化、成本比较低、操作简便易行、便于大量贮存。苜蓿干草调制的基本程序为鲜草刈割、干燥、捡拾打捆、堆贮、二次压缩打捆。调制苜蓿干草的关键是减少调制时间，减少干燥过程中营养损失，减少不利天气制约。在苜蓿干草调制过程中，影响苜蓿干草品质的最重要因素是苜蓿刈割时期、干燥方法及贮藏条件和技术。优质的干草含水量应在14%~17%，具有较深的绿色，保留大量叶、嫩枝和花蕾，并具有特殊的芳香气味。

二、增产增效情况

调制苜蓿干草，可实现长时间保存和商品化流通，保证草料的异地和各季节利用，可以缓解草料在一年四季中供应的不均衡性。制作方法和所需设备可因地制宜，调制技术较易掌握，制作后取用方便。

三、技术要点

1. 适时收割

在现蕾期至初花期（开花率20%以下）收割为宜。选择天气晴朗，土壤表层比较干燥时刈割。留茬高度5~6厘米。大型收割机械带有压扁设备，可将苜蓿茎秆压裂，加快茎秆中水分蒸发速度，缩短晾晒时间，减少营养损失。刈割频率为春至夏天间隔30~40天，盛夏至秋季间隔40~50天。

图4-13　苜蓿机械收割　　　　图4-14　机械搂草

2. 干燥

（1）地面自然干燥法 苜蓿收割后，在田间铺成 10~15 厘米厚的长条晾晒 4~5 小时，使之凋萎。当含水量降到 40% 左右时，利用晚间或早晨的时间进行一次翻晒，可以减少苜蓿叶片的脱落，同时将两行草垄并成一行，以保证打捆机打捆速度，或改为小堆晒制，再干燥 1.5~2.0 天，就可调制成干草。

（2）草架干燥法 选择农户场院附近地势高燥的位置，在离地面约 30 厘米的高度搭建草架，草架平面与地面之间应留有空隙。苜蓿收割后，可先在地面干燥 0.5~1.0 天，使其含水量降到 40%~50%，然后运输到农户场院自下而上逐渐堆放，或捆成直径 20 厘米左右的小捆，顶端朝里码放在草架上。草架干燥需要投入劳动力较多，但叶片损失少，可获得优质青干草，适应于用工便宜的地方或小规模苜蓿种植农户。

图 4-15 田间晾晒　　　　图 4-16 苜蓿机械打捆

3. 打捆

苜蓿一般在田间晾晒 2 天后，含水量达到 20% 左右时，可在早晚空气湿度较大时，用方捆捡拾打捆机在田间直接作业打成低密度长方型草捆，便于运输和堆放。

图 4-17　草架堆贮干燥　　　　图 4-18　苜蓿草捆堆贮

4. 草捆贮存

草捆打好后，应尽快将其运输到仓库里或贮草场堆垛贮存。堆垛时草捆之间要留有通风间隙，以便草捆能迅速散发水分。底层草捆不能与地面直接接触，以避免水浸。在贮草场上堆垛时垛顶要用塑料布或防雨设施封严。

5. 二次压缩打捆

草捆在仓库里或贮草场上贮存 20~30 天后，当其含水量降到 12%~14% 时即可进行二次压缩打捆，两捆压缩为一捆，其密度可达每立方米 350 千克左右。高密度打捆后，体积减少了一半，更便于贮存和降低运输成本。

6. 苜蓿干草饲喂

应根据肉牛的营养需要饲喂适量的苜蓿干草。犊牛每天可饲喂 0.5~1.0 千克，基础母牛每天可饲喂 1.5~2.0 千克。

四、适用范围

适宜在苜蓿种植地区应用。

第四节　苜蓿半干青贮调制饲喂技术

一、技术概述

苜蓿半干青贮是通过半干萎蔫处理，使苜蓿含水量降至50%左右，从而提高苜蓿原料的干物质含量，造成微生物的生理干燥及厌氧状态而抑制酪酸发酵，同时促进乳酸发酵而形成优质苜蓿青贮饲料。苜蓿青贮加工调制操作方法简便、成本低、易贮存、占地空间小，是解决夏秋季雨水集中、苜蓿收贮困难等问题的有效措施。与调制干草比，苜蓿青贮几乎完全保存了青饲料的叶片和花序，减少苜蓿晾晒、打捆过程中由于叶片损失造成的营养成分流失，适口性好，消化利用率高。

二、增产增效情况

2009年以来，宁夏开展了苜蓿半干青贮技术试验示范并逐步推广。目前，已在固原、石嘴山和吴忠市等13个市、县（区）应用，累计加工制作苜蓿半干青贮饲料3.5万吨，其中包膜青贮1.0万吨。根据试验和测定分析结果，总结出苜蓿窖池青贮和包膜青贮加工调制工艺流程，制订了《青贮苜蓿调制技术规程》和《饲草包膜青贮加工调制技术规程》两项宁夏地方标准。该项技术突破了鲜苜蓿草难以单独调制青贮饲料的传统认识，是在最佳收获期适时、集中收获，最大限度地减少苜蓿养分损失，提高苜蓿草产量和品质的有效措施。

三、技术要点

苜蓿窖池青贮、拉伸膜裹包青贮技术均是利用半干青贮的发酵原理。调制的基本程序为:原料适时收获、晾晒、切碎、贮存。

1. 苜蓿窖池青贮制作

（1）原料收获晾晒　在现蕾至初花期（开花率 20%以下）刈割,天气晴好情况下一般晾晒 12~24 小时,含水量达到 45%~55%时即可制作。含水量可从感官上判断,即叶片发蔫、微卷。在天气晴好的情况下,通常为早晨刈割、下午制作,或下午刈割、第二天早晨制作。

（2）铡短　将原料用铡草机切短,长度一般为 2~5 厘米。

图 4-19　苜蓿铡短　　　　　图 4-20　机械压实

（3）贮存　将铡短的原料装入青贮窖,每装填 30~50 厘米厚,立即摊平、压实,均匀铺撒添加剂（饲料酶、有机酸、乳酸菌等）,直至原料高出窖沿 30~40 厘米后,上铺一层塑料薄膜,再覆土 20~30 厘米密封。密封 2~3 天后要随时观察,发现下沉,应在下陷处填土,防止雨水和空气进入。

图 4-21 覆盖塑料薄膜

图 4-22 覆土密封

2. 苜蓿包膜青贮制作

原料收获、铡切要求与窖池青贮相同。将切短的原料填装入专用饲草打捆机中进行打捆（每捆重量 50~60 千克）。如果需要使用添加剂，应在打捆前将添加剂与切碎的苜蓿混合均匀后进行打捆。打捆结束后，从打捆机中取出草捆，平稳地放到包膜机上，然后启动包膜机用专用拉伸膜进行包裹，设定包膜机的包膜圈数以 22~25 圈为宜（保证包膜 2 层以上）。包膜完成后，将制作好的包膜草捆堆放在鼠害少、避光、牲畜触及不到的地方，堆放不应超过三层。

表 4-2 苜蓿青贮调制添加剂使用方法

名称	用量	使用方法
乳酸菌	每 1000 千克苜蓿需 2.5 克乳酸菌活菌	将 2.5 克乳酸菌溶于 10% 的 200 毫升白糖溶液中配制成复活菌液，再用 10~80 千克的水稀释后，均匀喷洒在原料上
有机酸	每 1000 千克苜蓿添加 2~4 千克有机酸	直接喷洒在原料上
饲料酶	每 1000 千克苜蓿添加 0.1 千克青贮专用饲料酶	用麸皮、玉米面等稀释后，再与原料均匀混合

注：各种添加剂用量和使用方法应以产品说明为准。

图 4-23　苜蓿打捆

图 4-24　苜蓿裹包

3. 苜蓿青贮饲料品质感观评定

表 4-3　苜蓿青贮感官评定标准

品质等级	颜色	气味	质地
优等	绿色、青绿或黄绿色，有光泽	清香味，给人舒适感	手感松软，稍湿润，茎叶花保持原状
中等	黄褐色或墨绿色，光泽差	香味淡或没有，微酸味	柔软稍干或水分稍多，茎叶花部分保持原状
劣等	黑色、黑褐色，无光泽	有特殊腐臭味或霉味	干燥松散或结成块状，发粘，腐烂，无结构

图 4-25　优质苜蓿青贮

4. 苜蓿青贮饲喂

苜蓿青贮密封发酵 45 天后即可使用。取用时,从窖(袋)的一端沿横截面开启。从上到下切取,按照每天需要量随用随取,取后立即遮严取料面,防止暴晒。苜蓿青贮应与其它饲草搭配混合饲喂,也可与配合饲料混合饲喂。一般犊牛日饲喂量 2.0~2.5 千克,育肥牛或母牛日饲喂量 4~5 千克。

四、适用范围

苜蓿种植区域所有肉牛养殖场、户。

第五节　全混合日粮(TMR)调制饲喂技术

一、技术概述

根据反刍家畜不同生长发育阶段的营养需求和饲养目的,按照营养调控技术和不同饲料搭配原则设计全价日粮配方,并按照配方把每天饲喂的各种饲料(粗料、精料、矿物质、维生素和其它添加剂)通过特定的设备和饲料加工工艺均匀的混合在一起,制成营养全价均衡的日粮。

二、增产增效情况

可增加肉牛采食量,有效降低消化系统疾病,提高饲料转化率和肉牛日增重。试验结果表明,饲喂全混合日粮(TMR)的育肥牛平均日增重提高 11.4%。

三、技术要点

1. 全混合日粮(TMR)搅拌车选择

(1)TMR 搅拌车应用模式选择

①固定式模式　由人工或装载机按添加顺序分别装载各饲料组分,搅拌混合后借助运输设备运送到牛舍进行饲喂。使用此

类机械,须建设带有顶棚、地面硬化的饲料加工间,并配备电动机和传送设备。

②移动式模式 使用牵引或自走式TMR搅拌车,按添加顺序分别装载各饲料组分,经搅拌、混合后直接投放到牛槽。使用此类机械,牛场道路、牛舍等设施须适合大型机械行走。

图 4-26 固定式模式　　　　图 4-27 移动式模式

（2）TMR搅拌车机型选择

根据搅拌箱的形式有立式和卧式两类。

①立式TMR搅拌车 立式搅拌机内部是1~3根垂直布置的立式螺旋搅龙,只能垂直搅拌,揉搓功能较弱,既可切割小型草捆（每捆重量小于500千克）,又可加工大草捆（每捆重量大于500千克）,不需要对长草进行预切割,机箱内不易产生剩料,行走时要求的转弯半径小。

②卧式TMR搅拌车 卧式搅拌机内部是1~4根平行布置的水平搅龙,既有水平搅拌,又有垂直搅拌,具有较强的揉搓功能,适用于切割小型草捆,对长草需要进行预切割,机箱内剩料难清理,行走时要求的转弯半径大。

图 4-28　立式全混合日粮　　　图 4-29　卧式全混合日粮
　　　　　设备内部结构　　　　　　　　　　设备内部结构

2. 原料准备及配方设计

根据肉牛品种、体重、年龄、日增重目标、饲草料原料等，参照肉牛饲养标准，确定全混合日粮（TMR）的营养水平，设计不同类型的日粮配方。

粗饲料主要有青贮饲料、青干草、青绿饲料、农作物秸秆、糟渣类饲料。干草类粗饲料应铡短至 1.0~1.5 厘米；糟渣类水分应控制在 65%~80%。

精饲料主要有能量饲料（如玉米、麦类等谷物）、蛋白类饲料（饼、粕类），应粉碎成适合粒度。

添加剂主要有矿物质添加剂、复合维生素等。

3. 加工制作

（1）机械加工

①原料填装　卧式搅拌机填装次序为秸秆类→青贮类→糟粕、青绿、块根类→籽实类、添加剂（或混合精料）；立式搅拌机的添加次序为混合精料→干草（秸秆等）→青贮类→添加剂。

图 4-30 立式搅拌车装填原料　　图 4-31 卧式搅拌车装填原料

②填装容量　通常适宜装载量占搅拌车总容积的 60%~75%。

③混合时间　采用边投料边搅拌的方式,原则是确保搅拌后日粮中大于 4 厘米长的粗饲料占 15%~20%。通常在最后一批原料加完后再混合 4~8 分钟。不同原料推荐混合时间见表4-4。

表 4-4　不同原料推荐混合时间

饲料种类	混合时间(分钟)
干草	4
青贮	3
糟渣类	2
精料补充料	2

(2)人工制作

按青贮、干草、糟渣类和精料补充料顺序分层均匀地在地上摊开。使用铁锹等工具将摊在地上的饲料向一侧对翻,直至混匀为止。

图 4-32　人工制作 TMR　　　　　图 4-33　混合均匀的 TMR

4. 质量评价

混合均匀,松散不分离,色泽均匀;水分最佳含量为 35%~45%;TMR 中长度大于 4 厘米的粗饲料占 15%~20%。

5. 全混合日粮饲喂

(1)分群管理

①根据不同养殖模式、体重、年龄、日增重目标,并按照圈舍大小、机械容量进行分群。尽量减少牛群个体间的差异。

②育肥模式　短期育肥按照牛只体重相近和"全进全出"的原则,确定日增重目标、出栏时间,进行分群。直线育肥按照体重、年龄进行分群。

③基础母牛　规模为 150 头的母牛群直接分为繁殖母牛群和育成母牛群,300 头以上的牛群根据不同生理阶段和生长发育阶段,同时参考体重进行分群。

(2)投喂

①移动式 TMR 搅拌车　使用牵引式或自走式 TMR 设备直接投喂。

②固定式 TMR 搅拌车　先用 TMR 设备将各种原料混合好,

再用农用车转运至牛舍饲喂。

图 4-34　搅拌车直接投喂　　图 4-35　借助运输车转运投喂

③饲喂时间　每日投料 2 次，可按照日饲喂量的 50%分早晚进行投喂，也可按照早 60%、晚 40%的比例进行投喂。

6. 饲喂管理

(1)每头牛应有 50~70 厘米的采食空间。

(2)每次投喂前清槽,夏季定期刷槽。

(3)饲喂前进行制作,应在当日喂完。保持饲料新鲜,发热发霉的剩料应清出并及时补饲。

(4)不应随意变换全混合日粮配方,如需变换应有 10 天左右的过渡期。

(5)应保证牛有充足的饮水。

四、适用范围

各地均可以使用,养殖户可采用人工掺拌或使用简单机械进行混合加工。养殖数量大的肉牛规模养殖场,可使用专用加工设备进行加工。

第五章 标准化肉牛场建设技术

第一节 肉牛场规划布局

一、肉牛场选址

肉牛场应建在远离居民区和交通要道，地势高燥，地下水位低，排水良好，土质坚实，向阳背风，空气流通，平坦开阔或具有缓坡，水电充足，水质良好，饲料来源方便，交通便利的地方。

二、肉牛场分区

肉牛场一般划分为生活区、管理区、生产区和隔离区四个区。

1. 生活区

职工生活区应在牛场上风头和地势较高地段，并与生产区保持100米以上距离，以保证生活区良好的卫生环境。

2. 管理区

包括办公室、财务室、接待室、档案资料室、活动室等。管理区要和生产区严格分开，保证50米以上距离。

3. 生产区

包括养殖区和生产辅助区。养殖区主要包括牛舍、运动场、积粪场等，应设在场区地势较低的位置，要能控制场外人员和车辆，使之不能直接进入生产区,要保证安全、安静。生产辅助区包括饲料库、饲料加工车间、青贮池、机械车辆库、干草棚等,应建在地势较高的地方,距离牛舍不宜太远,以便于草料运送。生产区和辅助生产区要用围栏或围墙与外界隔离。大门口设立消毒室和车辆消毒池,严禁非生产人员进入场内。

4. 隔离区

包括兽医诊疗室、病牛隔离舍。此区设在下风头,地势较低处,应与生产区距离 100 米以上。病牛区应设有单独通道,便于隔离、消毒、污物处理等。

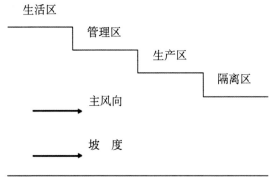

图 5-1　牛场各分区依地势、风向配置示意

三、场内布局

牛场内各种建筑物要按照经济、实用、方便原则进行设计和建设,统一规划,合理布局。做到整齐、紧凑、便于生产管理、防疫等。

1. 牛舍

牛舍的形式依据饲养规模和饲养方式而定。牛舍的建造应便于饲养管理、牛舍采光和防疫,夏季防暑、冬季防寒。修建数栋牛舍时,应采取长轴平行配置。当牛舍超过四栋时,可两行并列配置,前后对齐,相距 10 米以上。

2. 饲料调制房

应设在牛场一侧,距离各栋牛舍较近,同时也要考虑运输饲料比较方便。

3. 饲料库

尽可能靠近饲料调制房,运输方便,车辆可直接到达饲料库门口。

4. 干草棚及贮草场

尽可能设在下风向地段,与周围房舍至少保持 50 米以上距离,单独建造,既防止散草影响牛舍环境美观,又要保证防火安全。

5. 青贮窖(池)

建造选址原则同饲料库,位置适中,地势较高,防止粪尿等污水渗入污染,同时要考虑出料时运输方便,减少劳动强度。

6. 贮粪场、病牛舍及兽医室

应设在牛场下风向的地势低洼处。兽医室和病牛舍要建在距离生产区牛舍 100 米以外的地方,以防疫病传播扩散。

7. 产房

设在靠近母牛舍的下风向。

8. 办公室和职工宿舍

应设在牛场的大门口或场外地势高的上风向处,以防疫病传染。

第二节　牛舍建筑

一、技术概述

标准化肉牛场是指在选址布局、圈舍建设、设施配备、良种选择、投入品使用、卫生防疫、粪污处理等方面严格执行《中华人民共和国畜牧法》《中华人民共和国动物防疫法》等相关法律法规和相关标准的规定，并按程序规范组织生产的规模化肉牛养殖场。

二、应用情况

2012 年 3 月，宁夏发布实施了地方标准《标准化肉牛场建设规范》，标准化牛舍建设技术作为该标准的主要内容在宁夏大面积推广应用。目前，宁夏农户养殖肉牛大多采用单列半开放式暖棚牛舍建设模式，冬季采用塑料膜或阳光板进行保温处理，入户率达到 60% 以上。宁夏肉牛主产区——固原市四县一区现有暖棚牛舍 10.3 万座、412 万平方米，90% 的农户养殖采用单列式暖棚牛舍。相当数量的规模养殖场采用了双列全（半）封闭式牛舍，在设计上都充分考虑便于机械化操作，以提高生产效率。

三、技术要点

1. 牛舍类型

按牛舍开放形式可分为封闭式、半封闭式、开放式和棚舍式。按牛舍内牛床的列数分为单列式、双列式和多列式。按屋顶结构分为单坡式和双坡式。

2. 牛舍面积

根据牛群结构不同,可分别建设母牛舍、犊牛舍、育成牛舍和育肥牛舍。牛舍之间应保持 5 米以上距离。推荐的牛舍建设面积:母牛 8 平方米/头,育肥牛 6 平方米/头,犊牛 3~4 平方米/头。

3. 牛舍朝向

考虑日照(采光)和通风的需要。牛舍一般为坐北向南,南偏东或西角度不超过 15°。单列式牛舍为东西延长走向,双列式和多列式牛舍为南北延长走向。

4. 不同类型的牛舍结构

(1)单列半开放式人工饲喂牛舍　跨度 6.5~7.0 米,向阳面半敞开,冬季覆盖塑料薄膜(聚氯乙烯等塑料薄膜,厚度以 80~100 微米为宜。塑膜与地面的夹角成 55~65°)或阳光板,其他三面有墙。牛舍屋脊高 2.8 米,前墙高 1.1 米,后墙高 2.0 米,顶部设通风口。房脊垂直到地面至前墙间距为 2.0~2.5 米,到后墙间距为 4.5 米。

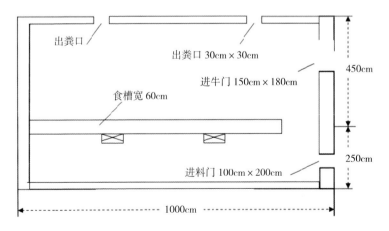

图 5-2　单列半开放式人工饲喂牛舍平面示意

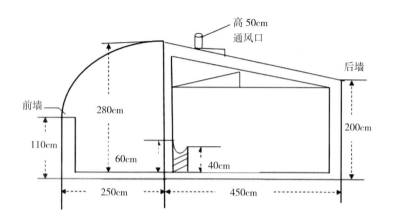

图 5-3 单列半开放式人工饲喂牛舍侧面示意

图 5-4 单列半开放式塑膜暖棚牛舍

图 5-5　安装活动阳光板的单列半开放式牛舍

（2）单列半开放式全混合日粮机械饲喂牛舍　跨度 9 米,屋脊高 4 米,前墙高 1.2 米,后墙高 3.5 米。房脊垂直地面至前墙间距为 1.5 米,到后墙间距为 7.5 米。饲喂通道高出牛床 0.3～0.4 米。

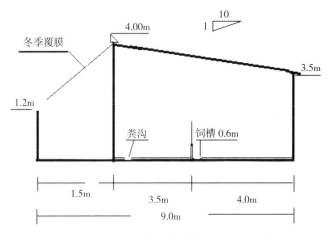

图 5-6　单列半开放式全混合日粮机械饲喂牛舍侧面示意

图 5-7 单列半开放式全混合日粮机械饲喂牛舍

（3）双列半封闭式牛舍　跨度 10~12 米,人工饲喂通道,采用对头式饲养。

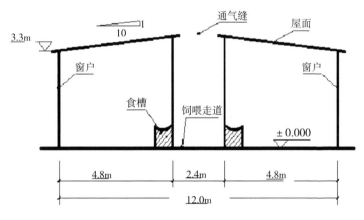

图 5-8 双列半封闭式牛舍侧面示意

图 5-9　双列半封闭式牛舍

（4）双列全封闭式牛舍　跨度 15 米左右,采用对头式饲养,全混合日粮机械饲喂,机械清粪。

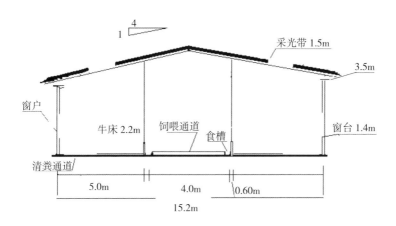

图 5-10　双列全封闭式牛舍侧面示意(全混合日粮机械饲喂通道)

图 5–11　间隔式采光带的双列全封闭式牛舍（全混合日粮机械饲喂通道）

图 5–12　中间采光的双列全封闭式牛舍（人工饲喂通道）

5. 牛舍内外部建筑要求

半开放式或封闭式牛舍，结构可采用砖木结构或钢架结构。墙壁应具有良好的保温和隔热性能，多采用砖墙。

（1）饲喂通道 单列半开放式人工饲喂牛舍通道宽 2.0~2.5 米；单列半开放式全混合日粮机械饲喂牛舍通道宽 4 米；双列式人工饲喂牛舍通道宽 2.5~3.0 米，若使用全混合日粮机械饲喂通道宽 4 米。

（2）舍顶 应隔热保温，能抵抗雨雪、强风等外力因素的影响。牛舍的屋顶材料选用彩钢夹芯板或单层彩钢板下安装保温隔热板，也可采用单层彩钢板或青瓦屋顶。

（3）牛床 牛床一般为前高后低，坡度为 1.5°，可采用混凝土防滑地面或竖砖铺设。

表 5-1 牛床设计参数

牛 别	牛 床	
	长（米）	宽（米）
成年母牛	1.60~1.80	1.10~1.20
围产期牛	1.80~2.00	1.20~1.25
育肥牛	1.80~2.00	1.10
犊牛	1.20	0.90

（4）饲槽 人工饲喂牛舍，饲槽上部内宽 50 厘米，底部内宽 30~40 厘米，槽底呈弧形，槽深 20 厘米，槽内侧（靠牛床侧）高 40 厘米，外侧（靠走道侧）高 60 厘米。内缘设牛栏。

全混合日粮机械饲喂牛舍，饲槽底比牛床高 15 厘米，呈弧形，上部内宽 60 厘米，槽深 15~20 厘米，牛栏距牛床高 1.2 米。

图 5-13 人工饲喂牛舍饲槽

（5）水槽　拴系饲养的育肥牛、母牛可使用食槽饮水，散放饲养的育肥牛、母牛可在运动场边缘且距排水沟较近处设置饮水槽。

（6）门窗　人工饲喂方式，牛舍门应便于手推车或农用车出入，一般高 2 米以上，宽 2.0~2.5 米。全混合日粮（TMR）车饲喂方式，门高应不低于 2.8 米，宽 3.5~4.0 米。窗户的面积应以满足良好的通风换气和采光为宜，一般与牛舍内地面面积的比例按1:10~1:16 设计。窗台距地面高度 1.2~1.4 米。

（7）通风换气孔　单列式牛舍进气口设在南墙下部的 1/2 处，面积为 20 厘米×10 厘米；排气口设在棚舍顶部的背风面，上设防风帽，面积 20 厘米×20 厘米为宜。每隔 3 米分别设置一个进气口、排气口。

图 5-14 封闭式牛舍安装的自动排风扇

（8）运动场 散放饲养的母牛、犊牛或育肥高档肉牛应设运动场。每头牛设计面积为成年母牛 10~15 平方米、育肥牛 8~10 平方米、犊牛 3~5 平方米，地面以三合土或沙土为宜。运动场周围设 1.0~1.2 米高的围墙或围栏。

四、适用范围

适宜标准化肉牛养殖场建设参考。

参考文献

［1］曹兵海，等.中国肉牛产业抗灾减灾与稳产增产综合技术措施.北京:化学工业出版社,2008.

［2］曹兵海，等.肉牛标准化养殖技术图册.北京:中国农业科学技术出版社,2012.

［3］宁夏回族自治区地方标准.饲草包膜青贮加工调制技术规程（DB64/T 752-2012）.

［4］宁夏回族自治区地方标准.青贮苜蓿调制技术规程（DB64/T 753-2012）.

［5］宁夏回族自治区地方标准.标准化肉牛场建设规范（DB64/T 756-2012）.

［6］宁夏回族自治区地方标准.肉牛全混合日粮（TMR）调制饲喂技术规范（DB64/T 757-2012）.